INSTITUT IMPÉRIAL DE FRANCE.

ACADÉMIE DES SCIENCES.

ÉLOGE HISTORIQUE

DE

ADRIEN-MARIE LEGENDRE

PAR M. ÉLIE DE BEAUMONT

SECRÉTAIRE PERPÉTUEL

Lu à la séance publique annuelle du 25 mars 1861.

PARIS,

TYPOGRAPHIE DE FIRMIN DIDOT FRÈRES, FILS ET CIE,

IMPRIMEURS DE L'INSTITUT IMPÉRIAL, RUE JACOB, 56.

M DCCC LXI.

ACADÉMIE DES SCIENCES.

ÉLOGE HISTORIQUE

DE

ADRIEN-MARIE LEGENDRE

PAR M. ÉLIE DE BEAUMONT

SECRÉTAIRE PERPÉTUEL

Lu à la séance publique annuelle du 25 mars 1861.

MESSIEURS,

On a dit que le cachet de notre siècle est l'aspiration vers le bien-être matériel. On a accusé la science d'avoir favorisé ces instincts par les nombreuses applications utiles dont elle a doté l'humanité. Il est vrai que de nos jours la chimie, la vapeur, l'électricité ont renouvelé la face du monde. Il est

1

certain qu'une éducation scientifique mieux entendue et plus généralement distribuée a multiplié le nombre des hommes, qui, sans avoir reçu de la nature des facultés du premier ordre, sont devenus capables de tirer de la science une grande utilité pour les autres et pour eux-mêmes. Il est même permis de supposer que des intelligences plus développées encore, séduites par l'appât de la fortune, ou cédant à une rigoureuse nécessité, ont plus d'une fois dévié des voies ardues de la science pure vers les voies plus douces de la science appliquée. Mais on a vu aussi, et on voit encore tous les jours, des hommes plus fortement trempés, n'écoutant que les inspirations de leur génie, vouer leur existence entière à des travaux difficiles, qui pour le moment serviront uniquement à l'accroissement de la science, dont les générations à venir pourront seules faire des applications utiles, qui ne seront même appréciés d'une manière un peu générale que longtemps après la mort de leurs auteurs, et dont ceux-ci n'auront retiré d'autre jouissance que l'admirable et le piquant spectacle de grandes vérités couvertes encore à tous les yeux, excepté aux leurs, d'un voile impénétrable, et la conscience d'un devoir accompli envers la Providence, qui a placé en eux les instruments des progrès futurs du genre humain.

Parmi ces hommes qui semblent être nés pour venger notre âge d'un reproche injuste, et pour relever l'humanité dans sa propre estime, figure à un rang éminent un géomètre qui a fait partie de cette Académie pendant près de cinquante ans, qui a enrichi nos publications de quelques-uns de leurs plus beaux ornements, qui a légué à l'avenir des ouvrages d'une importance capitale, dont le mérite est chaque jour plus généralement reconnu et dont la mémoire attend à juste titre un témoignage officiel de la sympathique admiration qui lui a survécu dans le souvenir affectueux de tous ses confrères.

Adrien-Marie Legendre naquit, le 18 septembre 1752, dans une situation qui lui laissa la gloire de devoir à son propre mérite tout ce qu'il pourrait être un jour. Il termina de bonne heure, au collége Mazarin, des études classiques très-solides, où il puisa un goût durable pour la littérature des anciens, et dont on reconnaît les heureux fruits dans l'élégante pureté et la lucide concision de tous ses écrits. Il y commença aussi l'étude des mathématiques sous un professeur éminemment distingué, l'abbé Marie, qui ne tarda pas à le remarquer et fut frappé de son ardeur, de la clarté de ses rédactions. Il ne s'était encore écoulé que peu de temps depuis sa sortie du collége, quand le judicieux professeur, publiant, en 1774, un Traité de mécanique, se plut à l'enrichir de plusieurs fragments remarquables dus à son disciple. L'élève, dans sa modestie, ne voulut pas être nommé; mais le professeur, dans sa justice, se fit un devoir et un honneur de signaler à l'attention des hommes de science les passages sortis de la plume du jeune Legendre, alors âgé de 22 ans.

De ce nombre est la définition des forces accélératrices. Elle se fait remarquer par une netteté, une fraîcheur d'expressions qui sont souvent l'heureux privilége de la jeunesse. Cette définition est tellement naturelle et a si bien pris possession de tous les esprits, qu'aujourd'hui, lorsqu'on la relit, on a peine à concevoir qu'elle ait jamais rien présenté d'original et de nouveau. Elle est loin du reste de faire exception dans l'ouvrage de l'abbé Marie, qui, sous bien des rapports, était en avant de son temps, et dont le mérite ne s'est pas borné à deviner M. Legendre.

D'Alembert avait dit, avec une juste prévision de l'avenir, que le sort des nouveaux calculs (différentiel et intégral) dépendrait de l'accueil qui leur serait fait par les jeunes géomètres. Il se plaisait à les attirer vers ces méthodes encore mal comprises par le rang qu'il accordait dans son estime et par le dévouement qu'il aimait à témoigner à ceux qui se montraient capables de les suivre. Il n'était pas homme à laisser dans un long abandon les vives et précoces dispositions qui se révélaient dans le jeune Legendre. Très-peu de temps après que de premières lueurs de génie eurent fait présager ce qu'on pourrait attendre de lui, le disciple de l'abbé Marie fut nommé professeur de mathématiques à l'École militaire de Paris.

Pendant plusieurs années, de 1775 à 1780, il enseigna les bases scientifiques de l'art militaire à cette ardente et intelligente jeunesse de laquelle sont sorties plusieurs de nos grandes illustrations militaires, et qui en eût fourni un nombre plus considérable encore, sans les circonstances qui la jetèrent en partie dans l'émigration.

Le programme de son enseignement renfermait probablement les premiers éléments de la *balistique*, c'est-à-dire de l'art de lancer les projectiles, et il étudia sans aucun doute les savants traités que Bezout, Borda et d'autres hommes éminents avaient publiés sur ces matières difficiles. Aussi, lorsque la classe de mathématiques de l'Académie royale des sciences et belles-lettres de Prusse proposa, pour le sujet du prix de 1782, la question de *déterminer la courbe décrite par*

*les boulets et les bombes, en ayant égard à la résistance de l'air,
et de donner des règles pour connaître les portées qui répon-
dent à différentes vitesses initiales et à différents angles de
projection;* M. Legendre se trouva tout préparé à concourir.

Il concourut en effet, et le prix lui fut adjugé dans l'assemblée publique du 6 juin 1782.

Son mémoire, écrit en français et imprimé à Berlin, avait
pour titre : *Recherches sur la trajectoire des projectiles dans
les milieux résistants.*

Newton est le premier, dit l'auteur, qui ait fait des recherches sur les trajectoires dans les milieux résistants. Il assigne
particulièrement celle qui a lieu dans l'hypothèse de la
résistance proportionnelle à la simple vitesse ; mais il ne
donne que des approximations assez grossières pour la. trajectoire qui se produit lorsque la résistance est proportionnelle au carré de la vitesse... L'honneur de la découverte est
dû à Jean Bernoulli, qui a publié une solution générale du
problème, en supposant la résistance comme une puissance
quelconque de la vitesse. Longtemps après , Euler a repris
la même question dans les mémoires de l'Académie de Berlin
pour l'année 1753. Son but est d'appliquer la théorie à la
balistique, et il propose pour cela des moyens fort ingénieux.
Dans les mémoires de la même Académie pour l'année 1765,
et ailleurs, on trouve des recherches fort étendues de Lambert
sur le même objet. Borda, dans les mémoires de l'Académie
des sciences de Paris pour l'année 1769, a traité cette question avec son élégance et sa finesse ordinaires. D'après l'idée
de Newton, il substitue à la vraie trajectoire celle qui serait
décrite en vertu d'une densité très-peu variable, et il obtient
par ce moyen une approximation fort supérieure à celle de

Newton. Enfin Bezout, dans son cours d'artillerie publié en 1772, a fait une application plus particulière des méthodes qui lui sont propres, au jet des bombes et des boulets.

M. Legendre pose l'équation du mouvement du projectile en admettant que la résistance de l'air est proportionnelle au carré de la vitesse. Il l'intègre avec élégance, et la réduction en série est surtout la partie remarquable du mémoire. Quoique les hypothèses qu'il fait sur la variation de la densité de l'air aient été modifiées, ses calculs sont restés le type de ceux qui ont été faits plus en détail dans la supposition de la résistance proportionnelle au carré de la vitesse. M. Français, professeur aux écoles d'artillerie, et M. le général Didion ont seulement apporté des perfectionnements à sa méthode. Mais cette solution de la question balistique n'est plus pour ainsi dire qu'un monument dans l'histoire de la science depuis qu'on a reconnu la nécessité d'introduire, dans l'expression de la résistance de l'air, un terme proportionnel au cube de la vitesse. Il n'en est pas moins certain que par son mémoire M. Legendre, jeune encore, avait su prendre une place distinguée dans la série des mathématiciens auxquels est due la supériorité de l'artillerie européenne, série qui commence par Newton, dans laquelle M. Poisson occupe un rang éminent, et que continuent avec tant de gloire les savants officiers auxquels on doit la précision actuelle du tir de notre artillerie et l'emploi des canons rayés.

Mais, quelque séduisant que pût être un pareil début, M. Legendre ne continua pas à s'occuper de l'application des sciences à l'art militaire, et on lit déjà sur le titre de sa dissertation de balistique, imprimée à Berlin en 1782, « par

A.-M. Legendre, *ancien* professeur de mathématiques à l'École militaire, à Paris. »

C'est que le jeune vétéran, auquel la discipline militaire ne fut peut-être jamais très-sympathique, avait voulu réserver tout son temps pour l'étude des parties des mathématiques, qui, sans être plus difficiles, se rapportent à un ordre d'idées généralement considéré comme plus élevé.

Il s'occupait dès lors, depuis quelque temps, de recherches sur les attractions mutuelles et sur les formes des sphéroïdes planétaires, et il lut à l'Académie des sciences de Paris, dans la séance du mercredi 22 janvier 1783, un mémoire sur l'attraction des sphéroïdes, pour l'examen duquel MM. d'Alembert et de Laplace furent nommés commissaires.

On voit, en feuilletant le précieux recueil des procès-verbaux de l'Académie royale des sciences conservé dans notre secrétariat, que dans cette même séance MM. Daubenton et Bezout faisaient un rapport favorable sur un mémoire de M. l'abbé Haüy, relatif à la structure des spaths fluors; car c'était l'époque où M. Haüy exposait à l'Académie, dans une série de mémoires, les idées qui sont devenues les bases de la cristallographie.

M. Legendre termina la lecture de son mémoire, dans la séance du 19 février, et, dans la séance du samedi 15 mars, MM. d'Alembert, Bezout et de Laplace lurent le rapport suivant : « L'Académie nous ayant chargés d'examiner deux mé-
« moires de M. Legendre sur l'attraction des sphéroïdes, nous
« allons lui en rendre compte. Les géomètres connaissent la
« belle théorie synthétique de M. Maclaurin sur les attrac-
« tions des sphéroïdes dont toutes les coupes sont ellipti-
« ques, etc., etc. M. de Lagrange est depuis parvenu aux mêmes

« résultats par la seule analogie dans les mémoires de Berlin
« pour 1771, mais toutes ces recherches supposent le point
« attiré à la surface ou dans l'intérieur des sphéroïdes... »

Je regrette de ne pouvoir lire entièrement ce beau rapport,
écrit de main de maître et avec une lucidité parfaite par M. de
Laplace, qui lui-même avait communiqué l'année précédente à
l'Académie une savante théorie des attractions des sphéroïdes
et de la figure des planètes, circonstance qui rend plus honorable encore, et pour lui-même et pour M. Legendre, la justice
qu'il se plaît à rendre si explicitement à son émule, naguère
encore presque inconnu.

Je me bornerai à dire que l'illustre rapporteur, après
avoir analysé les deux mémoires de M. Legendre, dont la conclusion est que pour déterminer l'attraction d'un sphéroïde
sur un point extérieur quelconque, il suffit de faire passer
par ce point la surface d'un autre sphéroïde décrit des mêmes
foyers que le premier, terminait en disant : « Le théorème
« qui forme le principal objet de ces deux mémoires est fort
« intéressant. C'est un nouveau pas fait dans la théorie des
« attractions des sphéroïdes ; l'analyse en est très-savante,
« elle est d'ailleurs présentée avec beaucoup d'élégance et
« de clarté, et elle annonce un talent distingué dans son au-
« teur. Nous pensons en conséquence que ces mémoires mé-
« ritent l'approbation de l'Académie et d'être imprimés
« dans le recueil des savants étrangers. »

Après les conclusions de leur rapport qui furent adoptées
par l'Académie, les commissaires ajoutaient encore :

« Outre les deux mémoires dont nous venons de rendre
« compte à l'Académie, M. Legendre lui a présenté en diffé-

« rents temps : des mémoires sur la résolution des équations
« indéterminées du second degré et sur les propriétés des
« fractions continues ; sur plusieurs problèmes de proba-
« bilités ; sur la sommation des fractions continues et sur la
« rotation des corps qui ne sont animés par aucune force
« accélératrice.

« Tous ces mémoires ont été jugés dignes d'être imprimés
« parmi ceux des savants étrangers.

« Enfin M. Legendre a remporté le prix proposé en der-
« nier lieu par l'Académie de Berlin sur la balistique ou le
« mouvement des projectiles. »

Les rapporteurs faisaient incidemment de cette manière
l'exposé complet des titres académiques de M. Legendre, et
ce n'était pas sans intention, car il devait y avoir prochaine-
ment une élection dans la classe de mécanique.

Les procès-verbaux nous apprennent en effet que dans la
séance suivante, celle du mercredi 19 mars (l'Académie se
réunissait alors deux fois par semaine), MM. Coulomb, l'abbé
Bossut, Le Roy et Cousin faisaient à leur tour un rapport
sur deux mémoires de M. Périer : le premier contenant la
description d'une pompe à feu que celui-ci venait d'établir
à Chaillot, pour élever les eaux de la Seine, d'après les
principes de MM. Watt et Bolton ; et le deuxième relatif à une
seconde pompe à feu que le même ingénieur venait d'installer
également dans ce lieu, mais d'après ses propres idées. Il s'agis-
sait des pompes à feu de Chaillot, que tout le monde connaît
encore aujourd'hui, et qui alors apparaissaient à la population
parisienne comme une merveille d'un genre tout nouveau.

Les savants rapporteurs terminaient en disant : « Nous
« croyons que les deux mémoires dont nous rendons compte,

« où l'auteur a décrit d'une manière simple et claire une ma-
« chine à feu de son invention, ainsi que celle de MM. Watt
« et Bolton, méritent l'approbation de l'Académie et d'être
« imprimés dans le recueil des savants étrangers. »

Dans cette séance, l'Académie entendait encore un rapport favorable de MM. Desmarest, Tillet, Coulomb et Monge,
sur un mémoire de M. Duhamel, correspondant de l'Académie et inspecteur général des mines, relatif à un nouvel instrument pour déterminer l'intersection des filons.

Le procès-verbal rapporte enfin que, dans cette même séance,
Messieurs de la classe de mécanique ont présenté MM. Legendre, Meunier, Périer, Duhamel et Defer ; que les premières
voix ont été pour M. Legendre et les deuxièmes pour M. Périer.

C'était ainsi que s'exprimaient à cette époque les votes de
l'Académie, qui se composait de quatre espèces de membres :
les honoraires, qui étaient peu nombreux aux séances, les
pensionnaires, les associés et les adjoints auxquels s'ajoutaient quelquefois des adjoints surnuméraires.

Parmi les noms des académiciens qui prirent part au scru-
tin du 19 mars 1783, on remarque ceux de MM. Cassini, de
Thury, d'Alembert, Lavoisier, Lalande, Daubenton, Borda,
Bezout, le marquis de Condorcet, Bailly, Rochon, Monge,
Berthollet, de Jussieu, Tessier, et de plusieurs autres savants
célèbres, dont une partie ont siégé plus tard avec quelques-
uns d'entre vous, Messieurs, sur les bancs de l'Institut.

Dans la séance du 2 avril, le secrétaire perpétuel
(Condorcet) lisait la lettre suivante de M. Amelot, datée de
Versailles le 30 mars 1783 :

« J'ai l'honneur de vous informer que le roi a nommé
« M. Legendre à la place d'adjoint de l'Académie des scien-

« ces, vacante dans la classe de mécanique, par la nomina-
« tion de M. de Laplace à une place d'associé, et que Sa Ma-
« jesté a également jugé à propos de nommer M. Périer à
« une place d'adjoint surnuméraire dans la même classe.
« Je vous prie de vouloir bien en informer l'Acadé-
« mie. »

J'ai supposé, Messieurs, qu'en vous reportant aux premiers
et brillants succès de M. Legendre, il vous serait peut-être
agréable de reporter aussi pour un moment votre pensée à la
constitution et aux usages de l'ancienne Académie des sciences de Paris, dont les nôtres diffèrent à quelques égards, quoique sur beaucoup de points ils soient restés identiquement
les mêmes.

Je me hâte de revenir aux travaux de M. Legendre, qui se
succédèrent à de courts intervalles. Le 4 juillet 1784, il lut à
l'Académie des *recherches sur la figure des planètes*, dans lesquelles il touchait encore d'une manière heureuse à un sujet
traité par M. de Laplace. D'illustres géomètres avaient reconnu
que, lorsqu'une planète supposée fluide et homogène tourne
sur elle-même, elle s'arrête à une figure ellipsoïdale légèrement aplatie aux deux pôles de rotation, et que, parmi les
figures qu'on peut attribuer à la courbe méridienne, l'ellipse
est une de celles qui satisfont à l'état d'équilibre; mais personne n'avait encore découvert que l'ellipse est la seule
courbe qui satisfasse à la question. M. de Laplace, dans son
mémoire de 1772, disait positivement qu'il n'osait assurer
que cette figure fût la seule; qu'il faudrait pour cela connaître
en termes finis l'intégrale complète de l'équation différentielle du problème, et qu'il n'avait pu encore l'obtenir. M. Legendre y parvint en se servant de la belle analyse de son

mémoire sur l'attraction des sphéroïdes, et il conclut que, si l'on suppose qu'une planète en équilibre ait la figure d'un solide de révolution peu différent d'une sphère et partagé en deux parties égales par son équateur, le méridien de cette planète sera nécessairement elliptique.

La proposition qui fait l'objet de ce mémoire, dit-il dans une note, étant démontrée d'une manière beaucoup plus savante et plus générale dans un mémoire que M. de Laplace a déjà publié dans le volume de 1782 (imprimé plus tard que sa date), je dois faire observer que la date de mon mémoire est antérieure, et que la proposition qui paraît ici telle qu'elle a été lue en juin et juillet 1784, a donné lieu à M. de Laplace d'approfondir cette matière et d'en présenter aux géomètre une théorie complète.

D'autres grands géomètres ont aussi ajouté leurs découvertes à celles de M. Legendre, mais rien n'a effacé le mérite de ses deux mémoires rédigés en 1782. Aussi M. Poisson disait-il, dans le savant et éloquent discours qu'il a prononcé le 10 janvier 1833 sur la tombe de M. Legendre : « La ré-« duction en série dont il fit usage dans le premier mé-« moire, donna naissance à des théorèmes qu'on a éten-« dus ensuite, mais qui sont encore aujourd'hui la base de « la théorie à laquelle on s'est élevé. Dans le second, il « donna la seule solution directe encore connue jusqu'à « présent du problème de la figure d'une planète homogène « et supposée fluide ; et bientôt après, il étendit ses recher-« ches au cas général d'une planète composée de couches « hétérogènes. »

Dans le cours de son mémoire, M. Legendre trouve que le sphéroïde terrestre, qui est en équilibre lorsque les axes sont dans le rapport de 230 à 231, peut y être encore si on suppose les axes dans le rapport de 1 à 681, ce qui donne une figure assez étrange, mais qui rappelle l'anneau de Saturne. Il ajoute que d'Alembert a été le premier á remarquer qu'il peut y avoir plusieurs sphéroïdes elliptiques qui satisfassent à l'équilibre.

On voit par ces différents exemples quelle émulation existait entre ces beaux génies, d'Alembert, Lagrange, Laplace, Legendre ; avec quelle rapidité leurs travaux se succédaient en se complétant mutuellement.

On peut encore remarquer que M. Legendre admet seulement d'une manière implicite que le sphéroïde est de révolution. L'équation trouvée par lui est celle de la courbe méridienne, et son analyse n'est contredite en rien par la découverte aussi curieuse qu'inattendue faite de nos jours presque simultanément par M. Liouville et par M. Jacobi, que l'ellipsoïde planétaire peut avoir ses trois axes inégaux et que l'équateur peut être lui-même une ellipse.

M. Legendre a repris ultérieurement les questions traitées dans ces deux premiers et mémorables mémoires, notamment en 1790, dans la suite de ses recherches sur la figure des planètes ; en 1789, dans un mémoire sur les intégrales doubles où il complète l'analyse de son mémoire sur l'attraction des sphéroïdes ; et plus tard encore, dans un mémoire lu à l'Institut en 1812. Après avoir fait connaître, dans ce dernier, les perfectionnements apportés à ses précédents travaux sur cette matière par M. Biot, qui avait eu l'heureuse idée d'y appliquer une intégrale donnée par M. de Lagrange pour un autre objet, M. Legendre profite de la substitution découverte par M. Yvory pour présenter la théorie entière de l'attraction des ellipsoïdes homogènes avec toute la simplicité dont elle est susceptible.

Mais ces importants travaux étaient loin d'absorber entièrement M. Legendre, et la nature variée des mémoires qu'il présentait fréquemment à l'Académie, et que je dois me borner ici à énumérer, montrait l'étendue de ses connaissances et l'étonnante fécondité de son esprit.

En 1785, il lut à l'Académie un grand mémoire intitulé : *Recherches d'analyse indéterminée,* qui renferme de nombreuses propositions sur la théorie des nombres, et notamment le célèbre *théorème de réciprocité* connu sous le nom de *loi de Legendre.*

En 1786, un mémoire sur la manière de distinguer les *maxima* des *minima* dans le calcul des variations. Puis deux mémoires sur les intégrations par arcs d'ellipse, et sur la comparaison de ces arcs, mémoires qui contiennent les premiers rudiments de sa *théorie des fonctions elliptiques.*

En 1787, un mémoire sur l'intégration de quelques équations aux différences partielles. Par un simple changement de variables, M. Legendre y parvient rigoureusement à l'intégrale d'une équation que Monge n'avait intégrée que par un procédé tenant à quelques principes métaphysiques sur lesquels existaient encore certains doutes. En montrant que l'intégrale était exacte, M. Legendre contribua à consolider la réputation de l'illustre auteur de l'application de l'analyse à la géométrie, dont le nom est aussi une des gloires caractéristiques de l'école mathématique française. Dans ce même mémoire il donne par sa méthode les intégrales de plusieurs classes d'équations aux différences partielles d'ordres supérieurs; puis, étendant fort heureusement une idée de Lagrange pour l'intégration des équations non linéaires du premier ordre, il y distingue six cas d'intégrabilité qu'elles peuvent présenter.

En 1790, il lut encore un mémoire sur les *intégrales particulières* des équations différentielles, dont il dit modestement que le principe et la démonstration ne sont que des conséquences très-faciles à déduire de la théorie que M. de Lagrange avait donnée dans les mémoires de l'Académie de Berlin pour 1774. Il y établit que les intégrales particulières sont toujours comprises dans une expression finie où le nombre des constantes arbitraires est moindre que dans l'intégrale complète, préparant ainsi la voie au travail définitif que M. Poisson a publié depuis sur ce sujet.

Mais, à cette époque, M. Legendre était déjà engagé dans une autre série de recherches qui l'occupèrent à différentes reprises pendant un grand nombre d'années, et où ses travaux furent féconds en résultats importants.

En 1787, quelques doutes s'étant élevés sur la position respective des observatoires de Paris et de Greenwich, on résolut d'en lier les méridiens par une chaîne de triangles qui s'étendrait de l'un à l'autre point. L'Académie des sciences chargea trois de ses membres, MM. Cassini, Méchain et Legendre d'exécuter cette opération de concert avec le major-général Roy et plusieurs autres savants anglais.

On fit ces importants travaux avec tout le soin que l'état de la science comportait alors ; on y employa un excellent quart de cercle exécuté par le célèbre artiste anglais Ramsden et le cercle répétiteur construit par Lenoir d'après les principes de Borda. M. Legendre calcula tous les triangles situés en France, et ensuite ceux même qui s'étendaient en

Angleterre jusqu'à Greenwich. A cette occasion, il alla à Londres, où il fut accueilli avec la distinction qui lui était due, et nommé membre de la Société royale de Londres. Il publia à cette occasion dans les mémoires de l'Académie des sciences pour l'année 1787 (imprimé en 1789), un important travail intitulé : *Mémoire sur les opérations trigonométriques dont les résultats dépendent de la figure de la terre;* il en expose lui-même l'objet dans les termes suivants :

Il n'est question ici que des opérations qui exigent une très-grande précision, telles que la mesure des degrés du méridien ou d'un parallèle, et la détermination géographique des principaux points d'une grande carte d'après les triangles qui les enchaînent. Ces sortes d'opérations pourront être portées désormais à un grand degré de précision au moyen du cercle entier (répétiteur). En effet, l'usage que nous avons fait de cet instrument en 1787, nous a convaincus qu'il peut donner chaque angle d'un triangle à deux secondes près ou même plus exactement, si toutes les circonstances sont bien favorables. Il est donc nécessaire que les calculs établis sur de pareilles données ne leur soient pas inférieurs en exactitude ; il faut tenir compte surtout de la réduction à l'horizon, qui monte assez souvent à plusieurs secondes ; et de là naissent des triangles infiniment peu courbes, dont le calcul exige des règles particulières ; car en les considérant comme rectilignes, on négligerait le petit excès de la somme des trois angles sur 180°, et en les considérant comme sphériques, les côtés seraient changés en très-petits arcs, dont le calcul ne serait ni exact ni commode par les tables ordinaires.

J'ai rassemblé dans ce mémoire, continue-t-il, les formules

nécessaires, tant pour la réduction et le calcul de ces sortes de triangles, que pour ce qui concerne la position des différents points d'une chaîne de triangles sur la surface du sphéroïde.

Il y a dans ces calculs, ajoute-t-il encore, quelques éléments susceptibles d'une légère incertitude.... Pour ne faire le calcul qu'une fois, et pour juger d'un coup d'œil de l'influence des erreurs, j'ai supposé la valeur de chaque élément principal augmentée d'une quantité indéterminée qui en désigne la correction. Ces quantités littérales, qu'on regarde comme très-petites, n'empêchent pas de procéder au calcul par logarithmes de la manière accoutumée. C'était une importante addition aux méthodes de calcul usitées jusque-là, et plus tard il y a ajouté encore la *méthode des moindres carrés*.

Il donne dans ce mémoire des formules pour la réduction d'un angle à l'horizon, ainsi que pour d'autres déterminations, et surtout l'important théorème, connu sous le nom de *théorème de Legendre*, d'après lequel le calcul d'un triangle sphérique peu étendu se ramène à celui d'un triangle rectiligne, en soustrayant de chacun des trois angles le tiers de l'excès sphérique de leur somme, c'est-à-dire de la quantité peu considérable dont elle surpasse 180°. M. Legendre a ultérieurement démontré que ce théorème fondamental s'applique également aux triangles sphéroïdiques, soit qu'ils soient tracés sur un ellipsoïde de révolution ou même sur un sphéroïde légèrement irrégulier.

Il s'occupe aussi, dans le même mémoire, de la valeur des degrés du méridien dans le sphéroïde elliptique et de la détermination de la position respective de différents lieux déduite de la nature de la ligne la plus courte qu'on puisse tra-

3

cer sur la surface de ce sphéroïde d'une extrémité à l'autre de la chaîne de triangles et des intersections de cette ligne avec les différents côtés des triangles ou avec leurs prolongations. Cette ligne dont M. Legendre a fait, à plusieurs reprises, jusque dans les dernières années de sa vie, et toujours avec succès, l'objet de ses recherches, porte le nom de *ligne géodésique;* sur l'ellipsoïde régulier elle est à double courbure, à moins qu'elle ne coïncide avec un méridien.

M. Legendre s'occupe enfin des opérations qui ont pour objet la mesure des degrés du méridien, et il termine par quelques réflexions théoriques et pratiques sur l'usage du cercle répétiteur de Borda dans les opérations délicates qui se rapportent à cet objet.

Ces réflexions étaient judicieuses; mais, au moment où il les écrivait, M. Legendre, frappé des progrès que la construction des instruments avait faits récemment, ne prévoyait pas ceux qu'elle était sur le point de faire encore. Ils furent tels qu'au bout de trente ans l'opération de 1787 se trouva inférieure par les mesures des angles et des bases, par l'observation des signaux de nuit, etc., à ce qui se faisait généralement en ce genre. De là il résulta que la liaison géodésique de Dunkerque et Greenwich dut être recommencée en 1817. Ce travail nouveau fut confié à MM. Arago et Mathieu, associés au capitaine Kater et à d'autres savants anglais.

Ce qui subsista et subsistera toujours de l'opération de 1787, ce sont les formules et les théorèmes qu'elle fournit à M. Legendre l'occasion d'établir et qu'il développa et perfectionna encore dans la suite.

Son mémoire était écrit dans la prévision d'applications nouvelles et plus étendues; car on songeait dès lors à reprendre la mesure de la méridienne qui traverse la France du nord au sud et qui avait déjà été mesurée une première fois en 1739 et 1740 dans la grande et belle opération géodésique qui avait fourni les bases de la carte de Cassini.

En effet, l'Assemblée nationale ayant adopté le principe de l'établissement d'un nouveau système de poids et mesures, uniforme pour toute la France, un rapport fut fait à l'Académie des sciences le 19 mars 1791, par MM. Borda, Lagrange, Laplace, Monge et Condorcet, sur le choix d'une unité de mesures. Le rapport proposait, après une discussion approfondie, de prendre pour unité de mesure *le mètre*, qui serait la dix-millionième partie du quart du méridien, calculé d'après la longueur mesurée de l'arc compris entre Dunkerque et Barcelone.

Le rapport proposait en même temps l'exécution de différentes opérations préliminaires dont l'une des plus importantes serait de vérifier par de nouvelles observations la suite des triangles employés pour mesurer la méridienne (de Cassini) et de la prolonger jusqu'à Barcelone.

Plus tard il fut convenu que MM. Cassini, Méchain et Legendre, les mêmes qui avaient lié le méridien de Paris à celui de Greenwich, seraient chargés de cette nouvelle opération.

Cependant M. Legendre ne fut pas compris dans le nombre des douze commissaires qui le 28 germinal an III (17 avril 1795) furent préposés à tous les travaux nécessaires pour fixer les bases du système métrique. Ces commissaires désignèrent parmi eux MM. Méchain et Delambre pour exécuter la mesure des angles, les observations astronomiques et la mesure des bases dépendantes de la méridienne, et ce

furent eux, en effet, qui, dans des temps encore très-difficiles,
eurent le mérite d'exécuter cette grande opération avec des
moyens souvent fort restreints; mais, peu d'années après,
on retrouve M. Legendre parmi les membres de la commission mixte, formée d'une réunion de savants français et
étrangers, qui dut examiner et vérifier le travail entier. Tous
les triangles étaient calculés séparément par quatre personnes opérant chacune suivant la méthode qu'elle préférait,
MM. Trallès, Van Swinden, Legendre et Delambre, et les
résultats n'étaient admis que lorsqu'il y avait entre les quatre
calculs un accord satisfaisant. M. Legendre signa avec les
autres commissaires le rapport fait à l'Institut national le
29 prairial an VII (17 juin 1799) sur les bases du système
métrique, et il continua à prendre part à tous les calculs
ultérieurs et aux diverses vérifications nécessitées par certaines discordances qui avaient été remarquées et par quelques doutes qui s'étaient élevés sur l'exactitude de plusieurs parties de l'opération. La méthode qu'il suivait était
celle dont il avait posé les bases dans son mémoire de 1787.
En l'appliquant sur une aussi vaste échelle, il la perfectionna,
la développa et donna un grand nombre de théorèmes nouveaux amenant à des réductions plus rapides, à des formules plus commodes. Il lut à la première classe de l'Institut, le 3 mars 1806, un nouveau mémoire intitulé : *Analyse
des triangles tracés sur la surface d'un sphéroïde*, dans lequel il considère les triangles non plus comme décrits sur
la sphère, mais comme décrits sur un sphéroïde. Il cher-
che et démontre les propriétés des lignes les plus courtes
tracées à sa surface; il étend, il généralise ainsi les nombreuses
applications du théorème qui porte son nom, et, parcourant

les principales opérations que peut offrir la géodésie, il en donne l'analyse la plus complète.

Il conclut qu'il ne doit plus rester aucun doute sur l'exactitude du calcul des triangles d'où on a déduit la distance des parallèles entre Dunkerque et Montjouy, près Barcelone, ainsi que la longueur du mètre; mais il regarde comme établi que les résultats déduits de différentes chaînes de triangles ne s'accordent pas toujours exactement entre eux, à cause de certaines anomalies dans les latitudes et les azimuts qui peuvent être dues aux attractions locales.

A cette époque, en 1805, M. Legendre venait de publier, à la suite de ses nouvelles méthodes pour la détermination des orbites des comètes, un appendice sur la *méthode des moindres carrés*. Il y proposait cette méthode, qui a été généralement adoptée, pour tirer des mesures données par l'observation les résultats les plus exacts qu'elles soient susceptibles de fournir. M. de Laplace a démontré depuis qu'elle est la plus avantageuse dont on puisse faire usage dans la pratique. M. Legendre, après l'avoir développée, en faisait immédiatement l'application à la mesure des degrés de la méridienne de France, et il concluait, comme dans le mémoire géodésique, que les anomalies dans les latitudes ne doivent pas être attribuées aux observations, et tiennent vraisemblablement à des attractions locales qui agissent irrégulièrement sur le fil à plomb.

M. Gauss, en 1809, crut peut-être un moment avoir des droits à la priorité d'invention de la *méthode des moindres carrés;* mais, si on ne peut contester qu'un savant aussi éminent ait eu la même idée que M. Legendre et l'ait même appliquée dans ses travaux, il est certain que M. Legendre avait trouvé la méthode de son côté et l'avait publiée le premier.

M. Legendre continua toujours, depuis lors, à faire partie de la commission des poids et mesures; mais, quoique ses travaux de 1787 eussent fait de lui un homme nécessaire pour la grande opération que cette commission était chargée de mener à bonne fin, il avait cessé pendant quelque temps, ainsi que je l'ai déjà dit, d'y être attaché officiellement : c'était sous le règne de la Terreur.

Comme la plupart des savants de son époque, M. Legendre était favorable aux idées qui sont devenues la base de la société moderne; mais il demeura étranger aux excès qui ensanglantèrent la révolution. Peut-être même sa verve caustique n'en ménagea-t-elle pas les auteurs. Pendant le fort de la tempête il fut obligé de se cacher. Ce fut une des circonstances les plus heureuses de sa vie; car, dans la retraite qu'il trouva à Paris même, il fit la connaissance d'une jeune et gracieuse personne, *mademoiselle Marguerite-Claudine Couhin*, qu'il épousa peu de temps après et qui fit son bonheur pendant 40 ans.

Beaucoup plus jeune que son mari, elle prit une part efficace aux grands travaux de M. Legendre par le calme, les soins attentifs et pleins de sollicitude dont elle sut l'entourer : elle se montra constamment un modèle d'instruction, de grâce et d'amabilité.

Cependant les orages révolutionnaires eux-mêmes n'avaient jamais interrompu les travaux de M. Legendre. En l'an II, vers la fin de 1793, il publiait un nouveau mémoire sur les *transcendantes elliptiques* formant un volume in-4° de plus de cent pages ; mais, dans la paix de son heureuse retraite, ses idées s'étaient aussi reportées sur d'autres objets. L'ancien

professeur de mathématiques de l'École militaire avait re-
commencé à s'occuper des *Éléments de géométrie.*

M. Legendre publia en 1794 la première édition de ses
Éléments, ouvrage écrit avec une élégante simplicité et dans
lequel toutes les propositions sont disposées dans un ordre
simple et méthodique. L'auteur, se modelant sur Euclide, y
ramène l'enseignement de la science à la sévérité de l'école
grecque. En cela, sans y songer peut-être, il se mettait en
harmonie avec son époque. L'architecture, abandonnant les
formes contournées du règne de Louis XV, revenait de plus
en plus à l'élégante simplicité du style grec. Peu d'années au-
paravant, notre grand peintre David avait inauguré, par son
tableau des *Horaces,* une révolution complète dans la pein-
ture qui revenait aussi à son exemple à l'imitation des anciens. Aux yeux du public contemporain la tournure grecque
des éléments de géométrie rehaussa encore leur incontestable
mérite.

L'ouvrage fut bientôt au premier rang des livres classiques.
En moins de trente ans il en fut publié quatorze éditions, dont
la dernière a eu un grand nombre de tirages. Il en a été vendu
en France plus de cent mille exemplaires. Les *Éléments de
géométrie* de Legendre ont été reproduits dans les principales langues de l'Europe et ont même été traduits en arabe
pour les écoles établies en Égypte par le vice-roi Méhémet-Ali.

L'auteur, préoccupé de la méthode d'Euclide, y a peut-
être un peu abusé de la réduction à l'absurde, qui pourrait
souvent être remplacée par des démonstrations plus faciles;
mais son ouvrage a suscité une vigoureuse gymnastique intel-
lectuelle qui a contribué à fortifier les études mathématiques,
et l'influence en a été salutaire.

M. Legendre y démontre, d'une manière nouvelle, l'égalité de volume de deux polyèdres symétriques formés de faces planes égales, ajustés sous les mêmes angles, mais avec une disposition inverse, qui ne permet pas de les superposer.

Les premières éditions ne contenaient pas l'excellent traité de trigonométrie que l'auteur a ajouté aux éditions subséquentes. Il les a aussi enrichies de notes où il s'occupe d'une manière nouvelle de traiter analytiquement certaines parties de la géométrie; où il démontre que les rapports de la circonférence au diamètre et à son carré sont des nombres irrationnels.

Le rapport de la circonférence au diamètre, étant un nombre irrationnel, n'est susceptible d'être exprimé exactement par aucune fraction, quelque grands que pussent être les nombres entiers qui en formeraient le numérateur et le dénominateur. De là résulte l'*impossibilité* de trouver jamais la quadrature du cercle, et c'est à la suite d'une proposition de M. Legendre, basée sur cette impossibilité démontrée, que l'Académie a renoncé à s'occuper d'un problème, dont l'importance est en quelque sorte proverbiale parmi les personnes peu versées dans les mathématiques.

Mais, quel que fût le succès de ses Éléments, M. Legendre ne révoquait pas en doute qu'on pût en composer également de très-bons suivant d'autres méthodes, et lui-même, il contribua en 1802 à la publication d'une nouvelle édition des Éléments de géométrie de Clairaut, à laquelle il ajouta des notes tirées peut-être de ses cahiers de l'École militaire.

En géométrie, on doit encore à M. Legendre un moyen, démontré par lui directement, d'inscrire dans le cercle un polygone régulier de 17 côtés.

En algèbre proprement dite on lui est redevable, entre autres choses, de deux méthodes différentes pour la résolution des équations numériques, méthodes qui font connaître avec assez de rapidité toutes les racines réelles ou imaginaires de ces équations.

M. Legendre était tellement connu comme un très-habile calculateur, qu'on entreprenait rarement en France une grande série d'opérations numériques sans avoir recours à lui. En 1787 on l'avait appelé à faire partie de la commission chargée de lier trigonométriquement Dunkerque à Greenwich. Par la même raison M. de Prony placé, en l'an II (1794), à la tête du cadastre, ne crut pas pouvoir se passer longtemps de lui.

La division décimale du cercle, qu'on regardait alors comme un complément nécessaire du système métrique, exigeait de nouvelles tables trigonométriques. M. de Prony les fit construire avec une célérité incroyable, au moyen de la division du travail et par des procédés tout nouveaux qui lui permettaient d'employer les arithméticiens les moins instruits. Le travail était préparé par une section d'analystes, présidée par M. Legendre, qui contribua beaucoup à faciliter l'opération en imaginant de nouvelles et très-heureuses formules pour déterminer les différences successives des sinus. Les autres sections n'avaient plus que des additions à faire. Le travail de cet atelier de supputation produisit deux exemplaires des tables entièrement indépendants l'un de l'autre et se vérifiant mutuellement par leur identité. Ce monument, le plus vaste en son genre qui ait jamais été exécuté ou même conçu, n'a d'autre défaut, disait M. Delambre, que son immensité même, qui en a jusqu'ici retardé la publication.

4

Lorsque l'orage révolutionnaire commença à s'apaiser, l'un des premiers soins du gouvernement fut de réorganiser l'instruction publique; mais M. Legendre, soit qu'il fût en disgrâce auprès du pouvoir, soit par tout autre motif, ne fut pas appelé à y concourir; son nom ne figure ni à la fin de 1794 parmi ceux des premiers professeurs de l'École polytechnique, ni en janvier 1795 sur la liste des professeurs des Écoles normales. Il ne fut pas compris non plus parmi les 48 savants que le gouvernement choisit pour former le noyau de l'Institut; mais ses confrères se hâtèrent, dès les premiers jours, de lui rendre justice en l'y appelant. Voici comment les choses se passèrent; c'est un fait que l'histoire peut enregistrer.

L'Académie des sciences ayant été supprimée par un décret de la Convention du 8 août 1793, l'Institut national, dont la première classe représentait cette Académie, fut établi par une loi du 5 fructidor an III (22 août 1795), et organisé par une seconde loi du 3 brumaire an IV (25 octobre 1795).

L'article 9 de cette loi portait : « Pour la formation de l'Institut national, le Directoire exécutif nommera quarante-huit membres qui éliront les quatre-vingt-seize autres. »

Vingt membres furent donc nommés par le Directoire le 15 frimaire an IV (6 décembre 1795), pour former le noyau de la première classe de l'Institut, deux pour chaque section : les deux membres de la section des mathématiques furent MM. Lagrange et Laplace.

Deux autres membres, MM. Borda et Bossut, furent élus dans la réunion du 18 frimaire an IV (9 décembre 1795), et enfin la section, qui devait se composer de six membres, fut

complétée le 22 frimaire an IV (13 décembre 1795), par l'é-
lection de MM. Legendre et Delambre.

M. Bossut figurait à juste titre sur cette liste pour ses travaux sur l'hydraulique; MM. Borda et Delambre y entraient
avec non moins de raison pour leurs importants travaux re-
latifs à la géodésie, aux mesures de précision et aux calculs
astronomiques. MM. Lagrange, Laplace et Legendre y étaient
essentiellement les représentants de la haute analyse, et, tant
qu'ils vécurent, ils occupèrent les premières places parmi les
géomètres de l'Institut. Tous les trois, jusqu'à leur mort, jus-
tifièrent ce rang glorieux par des travaux toujours dignes
d'eux-mêmes et du corps illustre auquel ils s'empressaient
de les communiquer.

M. Legendre a publié en 1805 de nouvelles méthodes
pour la détermination des orbites des comètes, auxquelles il
a ajouté en 1806 et en 1820 deux suppléments; peu de
temps avant sa mort, il s'était procuré les observations les
plus récentes des comètes à courtes périodes, comptant s'en
servir pour appliquer et perfectionner encore ses procédés
de calcul. Jusqu'à la publication de ses deux premiers mémoires en 1805 et 1806, la question, suivant lui, avait toujours été traitée d'une manière imparfaite et par de simples
tâtonnements. Il pensa avoir indiqué le premier deux routes
sûres pour arriver à la solution à la fois la plus simple et la
plus exacte, savoir : *la Méthode des corrections indéterminées*,
proposée déjà par lui en 1787, mais dont les applications
avaient été peu nombreuses, et la *Méthode des moindres
carrés*, qui paraissait alors pour la première fois. Cependant
cette perfection analytique, que l'auteur s'est attaché à ac-
croître chaque fois qu'il a retouché ses formules, a paru aux

astronomes plus que compensée par la longueur des calculs
et par d'autres inconvénients. Ils préfèrent l'emploi des méthodes d'Olbers et de Gauss qui, en donnant peut-être une
approximation moins certaine, la fournissent en tous cas plus
rapidement.

En 1806, M. Legendre a publié encore dans les Mémoires
de l'Institut, une nouvelle formule pour réduire en distances
vraies les distances apparentes de la lune au soleil ou à une
étoile. Elle avait pour objet de simplifier et d'accélérer les
travaux des astronomes praticiens.

Ces dernières publications étaient en quelque sorte des ex-
cursions que l'infatigable auteur faisait en dehors de la sphère
habituelle de ses recherches; et en voyant avec quelle promp-
titude et quelle facilité M. Legendre passait ainsi d'un sujet
à un autre, on pourrait croire qu'il était complétement libre
de l'emploi de son temps. Il trouvait cependant moyen, au
milieu de ses travaux purement scientifiques, de concilier,
avec ses devoirs d'académicien, ceux de plusieurs fonctions
importantes.

Quelque temps après la création de l'École polytechnique,
l'ancien lauréat du concours de balistique fut nommé exa-
minateur de mathématiques, à la sortie, pour les élèves destinés à l'artillerie, et il continua à remplir ces honorables et
délicates fonctions jusqu'en 1815, époque à laquelle il donna
volontairement sa démission et fut remplacé par M. de Prony.

Lors de la création de l'Université, en 1808, M. Legendre
en fut nommé conseiller titulaire.

A la mort de Lagrange, en 1812, il fut choisi pour le remplacer au Bureau des longitudes, en qualité de géomètre. Il
vint s'y asseoir à côté de M. de Laplace, qu'il avait remplacé

en 1783, comme membre adjoint de l'Académie des sciences, lorsque l'illustre auteur de la mécanique céleste était devenu membre associé. Ainsi, à vingt-neuf ans de distance, et dans des circonstances assurément bien différentes, on n'avait trouvé personne en France qui, par son mérite scientifique, fût plus naturellement appelé que M. Legendre à remplacer M. de Laplace ou M. de Lagrange.

Et c'était bien à son seul mérite que M. Legendre devait un choix si honorable pour lui-même et pour ceux qui l'avaient fait ; on en jugera aisément par la petite anecdote suivante. Lors de la création de la Légion d'honneur, M. Legendre fut inscrit au nombre des chevaliers. Il s'empressa de consigner ce témoignage de sympathie pour ses travaux sur le frontispice de ses ouvrages ; mais on assure que sa modestie naturelle l'empêcha, pendant longtemps, d'attacher le ruban rouge à sa boutonnière.

M. Legendre continua d'ailleurs, comme je l'ai déjà dit, à faire partie de la commission des poids et mesures aussi longtemps qu'elle exista, et plus d'une fois il fut nommé membre d'autres commissions chargées d'objets importants.

Cependant, indépendamment de ces nombreuses occupations, de ces travaux si variés, tous empreints d'un caractère particulier de rigueur et de précision, par lesquels il prenait une large part au mouvement scientifique de son époque, M. Legendre avait encore des *dieux familiers* auxquels il sacrifiait toujours avec un nouveau plaisir dans le silence du cabinet. Je veux parler de la *Théorie des nombres* et des *Fonctions elliptiques*. M. Legendre y consacra, pendant les cinquante dernières années de sa vie, tous les loisirs

que lui laissaient ses occupations journalières et ses travaux
les plus apparents. Il a élevé ainsi deux monuments qui
par leur étendue représentent, on n'en saurait douter, la
meilleure partie de son temps, et qui, quoique ayant eu
peu de lecteurs, et ne pouvant avoir que bien peu de juges,
seront peut-être aux yeux de l'avenir deux de ses principaux titres de gloire.

La *Théorie des nombres* a paru en 1830, en deux volumes
in-4°, après avoir été précédée à plusieurs reprises par des
publications préliminaires. M. Legendre dit dans l'avertissement... « L'ouvrage ayant reçu tous les perfectionnements
« que l'auteur a pu lui donner, tant par ses propres tra-
« vaux que par ceux des autres géomètres dont il a pu pro-
« fiter, on a cru devoir lui donner définitivement le titre de
« *Théorie des nombres* au lieu de celui d'*Essai* sur cette
« théorie qu'il avait porté jusqu'à présent. »

L'*Essai sur la théorie des nombres* avait eu deux éditions,
l'une en 1798 et l'autre en 1808 : cette dernière avait été
suivie de deux suppléments. L'*Essai sur la théorie des
nombres* avait été précédé lui-même par un grand travail
publié dans les Mémoires de l'Académie des sciences pour
1785, et intitulé : *Recherches d'analyse indéterminée ;* lequel se rapporte principalement à l'étude des propriétés des
nombres.

Enfin on trouve, dans les procès-verbaux manuscrits de l'A-
cadémie des sciences de Paris, déjà cités précédemment, que
parmi les mémoires que M. de Laplace rappelait à l'Académie, dans la séance du 15 mars 1783, comme lui ayant été déjà
présentés en différents temps par M. Legendre, se trou-
vaient deux mémoires sur la résolution des équations indé-

terminées du second degré et sur les propriétés des fractions continues, et un mémoire sur la sommation de ces fractions. Or, d'après les objets qui y sont traités et même seulement d'après les titres qu'ils portent, ces mémoires se rapprochent très-naturellement de certains paragraphes du grand mémoire de 1785. Ils en étaient probablement les premiers rudiments. On voit par là que M. Legendre s'occupait de la théorie des nombres depuis sa jeunesse. Il y a travaillé pendant plus de cinquante ans. Il terminait pourtant l'avertissement de la théorie des nombres, daté du 1er avril 1830, par les paroles suivantes qui sont assurément bien modestes... « On ne se dissimulera pas que quelques-unes des « matières traitées dans cet ouvrage ont besoin d'être per« fectionnées ou même rectifiées par de nouvelles recherches. « Cependant l'auteur a pensé qu'il valait mieux les laisser « dans cet état d'imperfection que de les supprimer tout à « fait ; elles offriront un but de travail à ceux qui, dans la « suite, voudront s'occuper de perfectionner la science. »

Cette partie de la science a reçu en effet, depuis la publication de la théorie des nombres, d'importants accroissements ; mais si on compare le contenu de ce savant ouvrage à ce qu'on avait découvert pendant les deux mille ans qui ont précédé l'année 1785, on voit qu'aucun savant n'a marqué son passage dans cette branche des mathématiques par une trace comparable à celle qu'y a laissée M. Legendre On ne peut s'étonner qu'une science qui n'a marché qu'à pas lents et progressifs entre les mains d'hommes aussi éminents qu'Euclide, Diophante, parmi les anciens, Viète, Bachet, Fermat, Euler, Lagrange, parmi les modernes, n'ait pas été amenée d'emblée à un état qui ne comportât plus aucun progrès. On doit, au contraire, s'empresser de reconnaître que M. Legendre, en parlant des développements nouveaux qu'elle recevrait bientôt encore, a fait preuve de perspicacité presque autant que de modestie.

La science des nombres est difficile, et il est difficile avant tout d'en donner une idée aux personnes qui ne s'en sont pas occupées. Tout le monde sait que les nombres se distinguent en deux grandes classes : les nombres pairs et les nombres impairs, qui se succèdent alternativement. Les nombres pairs sont divisibles par 2, tandis que les nombres impairs ne le sont pas, mais ils ont souvent d'autres diviseurs.

Les nombres entiers diffèrent beaucoup les uns des autres par la possibilité d'être divisés par d'autres nombres entiers plus petits. On a remarqué depuis longtemps que le nombre 10, base de notre système décimal, n'a que deux diviseurs, 2 et 5, dont le dernier n'est pas subdivisible, tandis que le nombre 8 a deux diviseurs, 2 et 4, dont le dernier est encore subdivisible par 2, et tandis que le nombre 12 a trois diviseurs 2, 3 et 4 dont le dernier est encore subdivisible par 2; d'où il suit que le nombre 8 et surtout le nombre 12 ont, comme base d'un système de mesures propres à se subdiviser successivement, une supériorité incontestable sur le nombre 10. Cette infériorité du nombre 10 est un des obstacles que rencontre l'adoption du système décimal des poids et mesures qui présente sous d'autres rapports de si grands avantages.

Mais le nombre 10 est plus favorisé à cet égard que le nombre 9 qui n'a d'autre diviseur que le nombre 3 dont il est le carré. Il l'est beaucoup plus surtout que les nombres 3,

5, 7, 11, 13, 17 qui n'ont pas de diviseurs, ou, pour parler
le langage de la science, qui n'ont d'autres diviseurs qu'eux-
mêmes et l'unité. Le nombre 7 qui énumère les sept jours
de la semaine, les sept merveilles du monde, les sept sages
de la Grèce, passe pour avoir un certain degré d'excellence ;
mais le nombre 13 comme le nombre 17 passent pour de
mauvais nombres, ce qui vient peut-être de cette absence
de diviseurs qui les rend en quelque sorte réfractaires. Tous
ces nombres, qui n'ont d'autres diviseurs qu'eux-mêmes et
l'unité, sont ce qu'on appelle des *nombres premiers*. Il y a
des nombres premiers de toutes les grandeurs ; mais quand
des nombres sont un peu grands, il n'est pas facile de décou-
vrir immédiatement s'ils sont premiers ou ne le sont pas.

Les nombres premiers sont répartis parmi les nombres
impairs avec une apparente irrégularité qui cependant est
sujette à certaines lois. La recherche des nombres premiers,
la détermination de la quantité qui en existe dans un inter-
valle donné de l'échelle numérique, sont un des objets de la
théorie des nombres.

Les nombres peuvent se ranger par séries dans chacune
desquelles on remarque l'existence constante de certaines
propriétés; tels sont les nombres triangulaires 1, 3, 6, 10,
15... exprimant chacun un nombre d'unités qu'on peut
ranger en triangle; les nombres quadratiques 1, 4, 9, 16, 25,
qui correspondent de même à une ordonnance en carré; les
nombres polygones, pyramidaux, etc...; et ces séries don-
nent lieu à des combinaisons plus ou moins curieuses.

Certains nombres sont les carrés d'autres plus petits,
comme 4 carré de 2, 9 carré de 3, etc...; d'autres comme 8,
13, 18, sont la somme de deux carrés, d'autres encore sont,

comme 17 par exemple, la somme de trois carrés. Lagrange et Euler ont prouvé qu'*il n'y a pas de nombre qui ne soit la somme de quatre ou d'un moindre nombre de carrés.*

Ces propriétés et bien d'autres se remarquent d'abord sur des exemples pris parmi des nombres peu considérables ; puis on est curieux de les suivre parmi des nombres plus grands et de savoir si elles sont générales ou non. De là des recherches souvent très-difficiles et qui piquent vivement la curiosité. La conclusion finale se dérobe d'autant plus longtemps que souvent il n'existe pas encore dans la science de règle pour la chercher : c'est une proie qui échappe longtemps au chasseur.

Certaines propriétés des nombres, qu'on voit apparaître à l'improviste dans leurs combinaisons, ont quelque chose d'énigmatique et de saisissant, qui a souvent paru tenir du mystère. De là les vertus que les nécromanciens ont cru trouver dans les nombres cabalistiques, vertus qui sont à peu près à la théorie des nombres ce que l'astrologie est à l'astronomie.

Il est à croire, dit M. Legendre, qu'Euler avait un goût particulier pour la science des nombres et qu'il se livrait à ce genre de recherches avec une sorte de passion, comme il arrive, ajoute-t-il, à presque tous ceux qui s'en occupent, et il est clair que M. Legendre lui-même ne faisait pas exception à cette remarque.

Les premières recherches de M. Legendre sur les nombres, contenues dans son grand mémoire de 1785, firent suite directement à celles d'Euler et de Lagrange qu'elles étendirent et développèrent en plusieurs points importants ; mais M. Legendre consigna aussi dans ce travail plusieurs découvertes entièrement nouvelles et particulièrement le *théorème de réciprocité* connu aussi sous le nom de *loi de Legendre*, l'une des lois les plus fécondes de la théorie des nombres.

Ce théorème, plus facile à exprimer en langage algébrique qu'en langage ordinaire, consiste en ce que deux nombres premiers m et n étant donnés, si on élève m à la puissance n moins 1 divisé par 2 et qu'on divise le résultat par n, puis n à la puissance m moins 1 divisé par 2 et qu'on divise le résultat par m, les restes des deux divisions, qui pourront toujours être exprimés par plus 1 ou moins 1, seront tous les deux de même signe, ou bien de signe contraire, dans certains cas déterminés; résultat qui a trouvé et qui trouve tous les jours de nombreuses applications dans les recherches relatives aux propriétés des nombres.

M. Legendre, en reproduisant dans les éditions successives de la théorie des nombres la démonstration de ce théorème telle qu'il l'avait donnée en 1785, a reconnu que dans un cas déterminé elle présente une lacune sans que le théorème cependant ait jamais été trouvé en défaut.

M. Gauss, qui, dans ses *Disquisitiones arithmeticæ*, publiées en 1801, s'était placé lui-même au premier rang parmi les savants qui se sont occupés de la théorie des nombres, donna du théorème de réciprocité une démonstration qui ne laissait rien à désirer. M. Legendre l'a reproduite dans sa théorie des nombres en 1830, en observant qu'elle est d'autant plus remarquable qu'elle repose sur les principes les plus élémentaires. Il en a exposé en même temps une autre plus simple, trouvée par M. Jacobi. Depuis lors M. Liouville et d'autres géomètres éminents ont encore donné d'autres démonstrations de la même loi.

5.

L'exactitude de la *loi de Legendre* est donc surabondamment démontrée; mais ici l'inventeur a laissé à ceux qui l'ont suivi le privilége de *compléter* sa découverte.

Cette circonstance rappelle, quoique de loin, le sort des théorèmes remarquables sur les nombres que Fermat a laissés sans démonstration; tous, excepté un seul, ont été démontrés, un siècle et demi après la mort de leur auteur, par Euler, par Lagrange, par Legendre; celui-ci, le dernier théorème de Fermat, sans avoir jamais été trouvé en défaut, attend encore une démonstration, quoique l'Académie, dans ces dernières années, l'ait plusieurs fois proposé comme sujet de prix à l'émulation des géomètres.

Mais si M. Legendre se complaisait comme Euler dans les combinaisons si ardues en apparence de la théorie des nombres, comme Euler aussi il excellait dans la recherche des intégrales des quantités différentielles, recherche qui n'est dirigée elle-même par aucune règle certaine, et dans laquelle on n'est conduit au résultat que par une certaine prévision intuitive des combinaisons, et des réductions qui pourront s'opérer dans les formules et dans les chiffres. Les plus belles intégrales paraissent souvent avoir été trouvées par hasard; toutefois, comme le disait M. Legendre, en parlant d'Euler, ce sont *des hasards qui n'arrivent jamais qu'à ceux qui savent les faire naître.*

Cette remarque qui, sans doute, ne suffit pas pour faire comprendre comment on intègre une expression différentielle, permettra peut-être de concevoir comment on peut se piquer à ce jeu, de même qu'à celui des propriétés des nombres, et comment ces deux genres de recherches, qui semblent mettre en éveil des facultés de l'esprit assez

analogues, étaient les deux passions dominantes d'Euler et
de M. Legendre.

Une quantité différentielle donnée par un problème
de géométrie, de mécanique, de physique, ne correspond
pas toujours à une expression analytique existante dans la
science, et, afin de ne pas laisser certains problèmes sans solution, on dut songer à enrichir l'analyse de nouvelles fonctions.
Après avoir épuisé les expressions purement algébriques, on
parvint à intégrer un grand nombre de différentielles par le
seul secours des arcs de cercle et des logarithmes qui sont les
plus simples des quantités transcendantes ; mais pour étendre
plus loin encore les applications du calcul intégral, il fallait
nécessairement avoir recours à des transcendantes plus com-
posées.

Euler pensa qu'au lieu de se borner au cercle, on pourrait
considérer les autres courbes du second degré, notamment
l'ellipse et l'hyperbole, et dresser à leur égard des tables
analogues aux tables de logarithmes et à celles des fonctions
circulaires. Par une de ces heureuses combinaisons qui semblent une faveur de la fortune, il trouva sous une forme
purement algébrique l'intégrale complète d'une équation
différentielle composée de deux termes séparés, mais sem-
blables, dont chacun n'est intégrable que par des arcs de
sections coniques.

Cette découverte importante conduisit l'illustre géomètre
à comparer d'une manière plus générale qu'on ne l'avait fait
avant lui, non-seulement les arcs d'une même ellipse ou d'une
même hyperbole, mais en général toutes les transcendantes
dont la différentielle se rapproche de celles de ces deux
courbes, en ce qu'elle présente comme elles une fonction

algébrique rationnelle de la variable divisée par la racine
carrée d'un polynôme algébrique du quatrième degré.

Un des résultats de cette comparaison fut que l'intégration
par arcs d'hyperbole peut toujours se ramener à l'intégration par arcs d'ellipse.

Euler prévit dès lors qu'à l'aide d'une notation convenable
le calcul des arcs d'ellipse et autres transcendantes analogues pourrait devenir d'un usage presque aussi général que
celui des arcs de cercle et des logarithmes ; mais si on excepte
le géomètre anglais Landen, qui dans un mémoire de 1775
démontra que *tout arc d'hyperbole se rectifie immédiatement
par le moyen de deux arcs d'ellipse,* personne, excepté
M. Legendre, ne se mit en devoir de réaliser la prévision
d'Euler ; et on peut dire que notre savant confrère est resté
seul à s'occuper de cette matière depuis l'année 1786, où il a
publié ses premières recherches sur les intégrations par arcs
d'ellipse, jusqu'à l'année 1825 qui vit paraître son *Traité
des fonctions elliptiques.*

Les arcs d'ellipse, étant après les arcs de cercle et les logarithmes une des transcendantes les plus simples, pouvaient devenir en quelque sorte un nouvel instrument de
calcul, si une fois on était familiarisé avec leurs propriétés
et que l'on eût des moyens faciles de les calculer avec précision. M. Legendre aborda cet important sujet dans deux
mémoires qui parurent dans le volume de l'Académie des
sciences pour 1786. Dans l'un et dans l'autre il démontre,
par des moyens qui lui sont propres, que la rectification de
l'hyperbole dépend de celle de l'ellipse et n'offre point une
transcendante particulière, et dans le second il fait voir que
dans une suite infinie d'ellipses formées d'après une même

loi, on peut réduire la rectification d'une de ces ellipses à celle de deux autres prises à volonté dans la même suite. C'était, dit-il modestement ailleurs, un pas de plus dans une carrière difficile.

Dans le premier mémoire M. Legendre donne des séries convergentes propres à calculer facilement la longueur d'un arc d'ellipse, soit dans le cas où l'ellipse peu excentrique se rapproche du cercle, soit dans celui où, très-allongée, elle s'éloigne peu de son grand axe ; et dans le second, il ajoute : « Si le zèle de quelques calculateurs pouvait nous fournir « des tables d'arcs d'ellipse pour différents degrés d'ampli- « tude et d'excentricité, et que chaque arc fût accompagné « du coefficient de sa différence partielle, on serait en état « d'intégrer par ces tables un très-grand nombre de diffé- « rentielles et notamment toutes celles que MM. d'Alembert « et Euler ont ramenées aux arcs des sections coniques. » M. Legendre avait alors trente-quatre ans; il ne savait pas qu'il lui serait donné de travailler jusqu'à quatre-vingts ans, et que, lui-même et à lui seul, il accomplirait la tâche dont il traçait ainsi le programme.

Dans le cours de ces deux mémoires, et particulièrement vers la fin du second, M. Legendre se plaît à rendre un juste hommage aux savants géomètres (Euler, Landen, Fagnani) qui, avant lui, avaient démontré d'une autre manière une partie des théorèmes qui y sont répandus avec une sorte de profusion. Mais dans les publications déjà si remarquables de 1786, ces magnifiques matériaux ne formaient pas encore un édifice, et M. Legendre ne tarda pas à sentir que cette matière, et en général la théorie des transcendantes dont la différen- tielle rentrait dans la forme déjà indiquée, demandait à être

traitée d'une manière plus méthodique et plus approfondie.
Il essaya de le faire dans un *Mémoire sur les transcendantes
elliptiques* lu par lui à l'Académie des Sciences en avril 1792
et publié vers la fin de 1793 (en l'an II), dans lequel il se
proposa de comparer entre elles toutes les transcendantes
dont il s'agit, de les classer en différentes espèces, de réduire chacune d'elles à la forme la plus simple dont elle est
susceptible, de les évaluer par les approximations les plus
promptes et les plus faciles; enfin de former de l'ensemble
de cette théorie une sorte d'algorithme qui pût servir à étendre le domaine de l'analyse.

Reprenant dans sa forme algébrique la plus générale la
différentielle déjà indiquée comme point de départ de ce
genre de recherches, il la dégrossit avec une adresse infinie,
met de côté toutes les parties qui s'intègrent soit par des
quantités purement algébriques, soit par des arcs de cercle
ou des logarithmes, et la réduit ainsi à sa quintessence, c'est-
à-dire aux parties dont les intégrales sont les transcendantes
d'un ordre supérieur. Transformant ensuite ce résidu au
moyen des fonctions circulaires, il le réduit à une forme d'une
merveilleuse simplicité qui ne contient que cinq quantités :
un arc de cercle désigné sous le nom d'*amplitude*, qui est nul
au point où commence l'intégrale et se développe à mesure
qu'elle s'étend; un *module* toujours réel et plus petit que
l'unité qui, dans le cas où il s'agit d'une ellipse, en représente
l'excentricité ; un *paramètre* d'une grandeur quelconque, po-
sitif ou négatif, qui peut se réduire à zéro, mais auquel il serait
inutile d'attribuer des valeurs imaginaires ; enfin deux coeffi-
cients dont les valeurs indépendantes de tout le reste peuvent
être quelconques pourvu qu'elles ne soient pas nulles simul-

tanément. L'amplitude est la variable par rapport à laquelle se fait l'intégration, elle n'est nulle qu'au point de départ de l'intégrale. Le module ne peut être nul sans que l'expression soit complétement dénaturée, mais les trois autres quantités peuvent être nulles indépendamment les unes des autres, ou remplir dans leurs rapports de grandeurs certaines conditions d'après lesquelles les transcendantes elliptiques se divisent en trois classes.

La seconde classe est la seule qui représente des arcs d'ellipse.

La première classe est une transcendante plus simple que les arcs d'ellipse; on peut l'exprimer elle-même au moyen de pareils arcs, mais on ne peut exprimer un arc d'ellipse par des transcendantes de cette première classe.

La troisième classe, au contraire, la seule dans laquelle le paramètre n'est pas nul, est plus composée que les arcs d'ellipse.

La gradation qui existe dans la complexité de ces trois classes de transcendantes se manifeste notamment par cette circonstance, que les transcendantes de la première espèce peuvent se réunir par addition et soustraction de manière à former une somme constamment nulle.

Les transcendantes de la seconde espèce peuvent se réunir de même, de manière à former une somme dont la valeur s'exprime en termes purement algébriques, comme la célèbre intégrale d'Euler rappelée précédemment.

Enfin, les transcendantes de la troisième espèce peuvent encore se réunir pour former une somme dont la valeur, sans être nulle, ni même algébrique, est cependant encore d'une nature plus simple que chacune d'elles en particulier,

car elle peut s'exprimer par des arcs de cercle et des logarithmes, qui sont les transcendantes les plus simples.

Ces différences et plusieurs autres qui existent entre les
trois espèces de *transcendantes elliptiques* suffisent pour
motiver la division que M. Legendre a établie; mais elles
laissent en même temps apercevoir entre toutes ces transcendantes une analogie profonde qui justifie leur réunion sous
une même dénomination.

La première et la seconde espèce peuvent être exprimées
par des arcs d'ellipse; la troisième est la plus composée,
mais elle a tant d'analogie avec les deux autres qu'on peut
les regarder toutes trois comme ne formant qu'un même
ordre de transcendantes, le premier après les arcs de cercle
et les logarithmes.

Ainsi, dit ailleurs M. Legendre, la dénomination de *fonction elliptique* est impropre à quelques égards; mais nous
l'adoptons néanmoins à cause de la grande analogie qu'on
trouve entre les propriétés de cette fonction et celles des arcs
d'ellipse.

M. Legendre reprit ces questions avec plusieurs autres dans
un grand ouvrage en trois volumes in-4° qu'il publia en 1811,
1816 et 1817, sous le titre d'*Exercices de calcul intégral sur
divers ordres de transcendantes et sur les quadratures.* Dans
cet ouvrage, dont une partie était consacrée à deux classes
d'intégrales définies auxquelles M. Legendre a donné le nom
d'*intégrales eulériennes*, il s'occupait aussi d'un grand nombre de questions de calcul intégral dans le détail desquelles
il serait difficile d'entrer ici; mais la partie la plus étendue
et en même temps la plus importante à ses yeux était celle
qui traitait des fonctions elliptiques, de leur application à

différents problèmes de géométrie et de mécanique, et de la construction des tables nécessaires pour l'usage de ces fonctions.

Enfin, en 1825 et 1826, M. Legendre réunit de nouveau tous ses résultats, avec les développements et les perfectionnements qu'il y avait apportés par un travail incessant, dans l'ouvrage intitulé : *Théorie des fonctions elliptiques ;* il en parut d'abord deux volumes destinés à être suivis plus tard de trois suppléments qui constituèrent le tome troisième et dernier.

Parmi les améliorations que M. Legendre apporta à son précédent travail lorsqu'il le publia de nouveau en 1825, l'une des plus considérables était la découverte d'une seconde échelle de modules différente de celle qui était seule connue lors de la publication des exercices de calcul intégral. « La seconde échelle dont il s'agit, dit M. Legendre, dans
« le trente et unième chapitre du tome premier, complétait,
« à beaucoup d'égards, les travaux de l'auteur dans cette
« théorie, elle offrait une route facile pour parvenir à plu-
« sieurs beaux résultats d'analyse, qu'il n'avait pu démon-
« trer jusque-là que par des intégrations très-laborieuses.

« Par la combinaison des deux échelles, on pouvait multi-
« plier d'une manière prodigieuse les transformations des
« fonctions de la première espèce ; ce que l'auteur a rendu
« sensible en construisant une sorte de damier, infini dans ses
« deux dimensions, dont toutes les cases pouvaient être
« remplies par les diverses transformations dont est suscep-
« tible une seule et même fonction. »

Le développement des propriétés et des usages des fonctions elliptiques considérées avec cette généralité remplissait

6.

tout le premier volume de la publication de 1825. Le deuxième était en partie consacré aux tables destinées à faciliter la conversion en chiffres des intégrales obtenues. Calculées par l'auteur lui-même avec la plus grande précision, ces tables constituaient à elles seules un travail immense; et par leur moyen, disait M. Legendre, la théorie des *fonctions elliptiques*, agrandie et à peu près complétée par un grand nombre de travaux successifs, pouvait être appliquée avec presque autant de facilité que celle des fonctions circulaires et logarithmiques, ce qui avait été l'objet des vœux et des espérances d'Euler.

Après les développements que la théorie des fonctions elliptiques avait reçus par la découverte de la seconde échelle de modules, il ne paraissait guère probable qu'on pût aller plus loin; mais la fécondité des méthodes créées par M. Legendre était telle, que bientôt ce qu'on n'avait osé espérer se trouva réalisé, et voici en quels termes M. Legendre parle de cet événement, au début du troisième volume, dans l'avertissement que je transcris en l'abrégeant :

« Un jeune géomètre, *M. Jacobi*, de Kœnigsberg, qui
« n'avait pu avoir connaissance du traité des fonctions ellip-
« tiques,... était parvenu, par ses propres recherches, à dé-
« couvrir non-seulement la seconde échelle dont nous venons
« de parler, qui se rapporte au nombre 3, mais une troi-
« sième qui se rapporte au nombre 5, et il avait acquis déjà
« la certitude qu'il doit en exister une semblable pour tout
« nombre impair proposé... Ce théorème étant établi pour
« tout nombre impair, il fut aisé d'en conclure que, pour
« chaque nombre entier ou seulement rationnel, on peut
« former une échelle particulière de modules qui donnera

« lieu à une infinité de transformations d'une même fonction
« de première espèce, lesquelles seront toutes déterminables
« algébriquement... Les espérances que les premiers succès
« de M. Jacobi avaient fait concevoir ont été justifiées depuis
« par de nouvelles publications.....

« Il nous reste à parler, continue M. Legendre, des belles
« recherches sur la même matière que *M. Abel*, de Chris-
« tiania, digne émule de M. Jacobi, a fait paraître presque en
« même temps. Le premier mémoire de M. Abel forme déjà
« une théorie presque complète des fonctions elliptiques
« considérées sous le point de vue le plus général... Un
« second mémoire de M. Abel offre des résultats très-remar-
« quables : 1° Sur la division de la fonction particulière, dont
« le module est sin. 45°, laquelle représente des arcs de
« lemniscate; 2° sur la transformation générale des fonctions
« de la première espèce, ce qui donne lieu, dit l'auteur, de
« démontrer d'une manière très-simple et très-directe les
« deux théorèmes généraux, précédemment publiés ou an-
« noncés par M. Jacobi.

« Nous n'entrerons pas dans d'autres détails, dit en ter-
« minant M. Legendre, sur les travaux de ces deux jeunes
« géomètres, dont les talents se sont annoncés avec tant d'é-
« clat dans le monde savant. On conçoit maintenant que
« l'auteur de ce traité a dû applaudir vivement à des décou-
« vertes qui perfectionnaient beaucoup la branche d'analyse
« dont il est en quelque sorte le créateur. Il a formé dès lors
« le projet d'enrichir son ouvrage d'une partie de ces nou-
« velles découvertes, en les présentant sous le point de vue le
« plus simple et le mieux coordonné à ses propres idées.
« Tel est l'objet des deux suppléments qui suivent, et de

(46)

« ceux que l'auteur pourra peut-être y joindre, par la suite,
« pour en former le tome III de son traité. »

On a rarement rendu une justice aussi éclatante à des continuateurs dignes dès leur début d'être comptés comme
des émules; mais M. Legendre y ajouta encore par la grâce
partant du cœur avec laquelle il reporta sur ses jeunes dis-
ciples, qui firent la joie de ses derniers jours, sa tendresse
paternelle pour la théorie qu'il avait créée et développée seul
pendant plus de 4o ans. Les personnes qui assistaient à cette
époque aux séances de l'Académie des sciences n'ont pas
oublié la naïve effusion, l'expansion toute cordiale avec laquelle M. Legendre s'empressa de communiquer à ses confrères les premières lettres qu'il reçut sur un sujet si intéressant pour la science et pour lui-même, et on put dire que
les fonctions elliptiques ne feraient pas moins d'honneur à
la noblesse de ses sentiments qu'à la profondeur de son
génie.

La réflexion ne modifia pas cette première impression, et
M. Legendre conclut par le paragraphe suivant le troisième
supplément à la *Théorie des fonctions elliptiques*, qui est
la fin de ce vaste travail. « Nous terminerons ici les ad-
« ditions que nous nous étions proposé de faire à notre
« ouvrage, en profitant des découvertes récentes de MM. Abel
« et Jacobi dans la théorie des fonctions elliptiques. On re-
« marquera que la plus importante de ces additions consiste
« dans la nouvelle branche d'analyse que nous avons déduite
« du théorème de M. Abel, et qui était restée jusqu'ici tout à
« fait inconnue aux géomètres. Cette branche d'analyse, à la-
« quelle nous avons donné le nom de *théorie des fonctions*
« *ultra-elliptiques*, est infiniment plus étendue que celle des

« fonctions elliptiques avec laquelle elle a des rapports très-
« intimes; elle se compose d'un nombre indéfini de classes,
« qui se divisent chacune en trois espèces, comme les fonc-
« tions elliptiques, et qui ont d'ailleurs un grand nombre de
« propriétés. Nous n'avons pu qu'effleurer cette matière;
« mais on peut croire qu'elle s'enrichira progressivement par
« les travaux des géomètres, et qu'elle finira par former une
« des plus belles parties de l'analyse des transcendantes. »

Ces lignes, datées du 4 mars 1832, ont été en quelque sorte
le testament scientifique de M. Legendre, qui est mort moins
d'un an après. M. Abel, l'une de ses grandes espérances, était
descendu dans la tombe prématurément plusieurs années
avant lui; M. Jacobi a succombé lui-même en 1849; mais les
prévisions de M. Legendre n'en ont pas moins été déjà réa-
lisées tant par les travaux mêmes de M. Jacobi que par ceux
de nos savants confrères MM. Liouville et Hermite, et
d'autres illustres géomètres.

J'aurais encore à parler des importants travaux que
M. Legendre a publiés sur les *intégrales* qu'il a nommées
eulériennes, du nom d'Euler, qui s'en était occupé le premier,
travaux qui tiennent une grande place dans ses exercices de
calcul intégral, et qu'il a en partie reproduits en les perfec-
tionnant dans le second volume de sa théorie des fonctions
elliptiques. J'aurais à montrer aussi comment, parallèle-
ment à l'emploi des *transcendantes elliptiques*, il a ouvert la
voie à la réalisation numérique d'une vaste classe d'intégrales
par les tables qu'il a données pour calculer la nouvelle transcendante, désignée par lui sous le nom de fonction *grand
gamma*; mais quoique M. Binet ait prouvé que des travaux
accessoires à ceux que M. Legendre a publiés sur ces seules

matières peuvent former un titre considérable pour un géomètre distingué, je craindrais, Messieurs, en m'étendant davantage sur ce sujet, de fatiguer trop longtemps votre attention.

Comme Euler, son modèle, et comme plusieurs autres des grands géomètres qui l'ont précédé, M. Legendre a travaillé jusqu'à ses derniers jours sans avoir connu le regret de sentir ses facultés s'affaiblir. Le dernier des volumes de nos mémoires, publiés avant sa mort, renferme encore un travail de lui sur une question difficile de la théorie des nombres. Il avait alors quatre-vingts ans.

Une si belle organisation ne devait pas se briser sans de cruels déchirements.

La maladie qui a terminé les jours de M. Legendre a été longue et douloureuse ; mais il en a supporté les souffrances avec courage, sans se faire illusion sur leur fatale issue et avec une résignation que devaient lui rendre bien difficile, disait sur sa tombe M. Poisson, le bonheur qu'il trouvait dans son intérieur, les soins et les vœux dont il était entouré. Toujours plein d'abnégation, il avait souvent exprimé le désir qu'en parlant de lui on ne fît mention que de ses travaux ; mais le même silence n'est pas dû aux belles actions que la fidèle compagne de sa vie, dépositaire de ses pensées et de ses projets, continua à faire en son nom après sa mort.

M. Legendre n'avait pas oublié ce que dans sa jeunesse il avait dû aux savants estimables qui avaient deviné et favorisé ses précoces dispositions. Madame Legendre continua les témoignages d'intérêt qu'il avait souvent donnés à des élèves de l'École polytechnique peu favorisés des dons de la

fortune, et elle paya successivement la pension de plusieurs
d'entre eux.

Restée en possession des dernières éditions de ceux des
ouvrages de M. Legendre qui avaient été imprimés à ses frais,
elle mit le plus grand soin à les écouler rapidement, afin
qu'ils servissent le plus promptement possible aux progrès
de la science. Désirant qu'on les trouvât dans les principales
bibliothèques de France, elle donna gratuitement au Minis-
tère de l'instruction publique en 1855, un an avant sa mort,
40 exemplaires de la Théorie des fonctions elliptiques, don
pour lequel un digne ministre, M. Fortoul, lui adressa des
remercîments au nom de l'État.

Lorsqu'elle mourut elle-même, le 28 décembre 1856, elle
légua à la commune d'Auteuil, pour qu'elle en fît un pres-
bytère et une maison d'école, la dernière maison de cam-
pagne dans laquelle elle avait habité avec M. Legendre.

Pleine d'attachement et d'admiration pour la mémoire
de celui dont elle fut heureuse et fière de porter le nom pendant soixante-quatre ans, elle avait voué un véritable culte à
sa mémoire, et elle avait conservé jusqu'à ses derniers jours un
respect naïf et religieux pour tout ce qui lui avait appartenu.

Ayant survécu à M. Legendre pendant vingt-cinq ans, elle
mourut un peu plus âgée que lui, des effets d'une longue et
cruelle maladie contre laquelle elle déploya la force et la
résignation dont M. Legendre lui avait donné le noble et
religieux exemple.

Elle avait perdu toute sa famille, alliée à celle de
notre célèbre peintre Robert-Lefèvre, et, n'ayant jamais eu
d'enfants, elle s'éteignit à quatre-vingt-deux ans, entourée
des soins pieux des personnes que les grâces de son esprit et

sa constante amabilité réunissaient habituellement autour d'elle et qui ont conservé à sa mémoire un attachement filial.

Avec elle disparut complétement un nom dont la France ne cessera jamais de s'honorer.

Lagrange a été le réformateur de l'analyse. En rendant plus évidentes quelques-unes des bases de cette science, il lui a donné plus de force en même temps que par ses immortelles découvertes il en a étendu le domaine. Un de nos plus grands géomètres s'est plu à célébrer la perfection de son style analytique. Pures et faciles comme les vers de Racine, les formules de Lagrange ont augmenté le nombre des adeptes de la science en même temps qu'elles ont facilité leurs travaux.

Laplace, en appliquant aux lois de l'univers les facultés d'un géomètre de premier ordre, est devenu le législateur des mouvements célestes. Par les vastes conquêtes qu'il a faites sur la nature, il a mérité d'être appelé le Newton de la France.

Legendre, plus profond que populaire, a été notre Euler; comme Euler et à son exemple, il a légué à l'avenir une foule de ces résultats analytiques que le génie seul sait obtenir et qui enrichissent pour toujours le domaine de l'esprit humain.

Clairault, d'Alembert, Euler, ont été les continuateurs de *Newton* et de *Leïbnitz*.

Après eux *Lagrange, Laplace, Legendre*, ont tenu d'une main non moins sûre le sceptre des mathématiques.

Vous avez compté dans vos rangs, Messieurs, et vous y comptez encore aujourd'hui plusieurs des successeurs de ces grands hommes.

NOTES.

Page 5. Son mémoire écrit en français et imprimé à Berlin......

Il porte pour titre général : *Dissertation sur la question de balistique proposée par l'Académie des Sciences et Belles-Lettres de Prusse pour le prix de 1782, qui lui a été adjugé dans l'assemblée publique du 6 juin, par M. Legendre, ancien professeur de mathématiques à l'École militaire de Paris. —* A Berlin, chez G.-J. Decker, imprimeur du roi, in-4°. Le titre spécial du Mémoire qui est imprimé à la page suivante est : *Recherches sur la trajectoire des projectiles dans les milieux résistants,* avec la devise : *Tolluntur in altum ut casu graviore ruant.*

Page 6. M. Français, professeur aux écoles d'artillerie, et M. le général Didion ont seulement apporté des perfectionnements à sa méthode.

Voyez : *Traité de balistique,* par le général Didion, 2° édition, revue et augmentée, 1860, p. 246 à 251.

Page 8. M. de Laplace, qui lui-même avait communiqué l'année précédente à l'Académie une savante théorie des attractions des sphéroïdes et de la figure des planètes...

Voyez : Mémoires de l'Académie royale des sciences pour l'année 1782, p. 113.

Page 8. Nous pensons en conséquence que ces mémoires méritent l'approbation de l'Académie et d'être imprimés dans le recueil des savants étrangers.

Voyez recueil des savants étrangers, t. X.

Page 11. Le 4 juillet 1784, il lut à l'Académie des Recherches sur la figure des planètes.

Voyez : Mémoires de l'Académie royale des sciences, vol. de 1784, p. 370.

Page 12. *D'autres grands géomètres ont aussi ajouté leurs découvertes à celles de M. Legendre......*

Depuis la mort de M. Legendre, la question de l'attraction d'un ellipsoïde sur un point extérieur a été complétement résolue ; d'une manière analytique par M. Poisson (Voir *Mémoires de l'Académie des sciences de l'Institut*, t. XIII, p. 497, 1835) ; et d'une manière synthétique par M. Chasles (Voir *Mémoires des savants étrangers à l'Académie des sciences*, t. IX, p. 629, 1846).

Page 12. *Il étendit ses recherches au cas général d'une planète composée de couches hétérogènes.*

Discours prononcé aux funérailles de M. Legendre, le 10 janvier 1833, par M. Poisson.

Page 14. *Le célèbre* Théorème de réciprocité *connu sous le nom de* Loi de Legendre......

Voyez : Mémoires de l'Académie royale des sciences, vol. de 1785.

Page 14. *Un mémoire sur la manière de distinguer* les maxima des minima *dans le calcul des variations.*

Voyez : Mémoires de l'Académie royale des sciences, vol. de 1786, p. 7.

Page 14. *Deux mémoires sur les intégrations par arcs d'ellipse, sur la comparaison de ces arcs....*

Voyez : Mémoires de l'Académie royale des sciences pour 1786, p. 616 et 644.

Page 16. *Mémoires sur les opérations trigonométriques dont les résultats dépendent de la figure de la terre.*

Voyez : Mémoires de l'Académie royale des sciences pour l'année 1787 (imprimés en 1789), p. 352.

Page 21. *M. Gauss, en 1809, crut peut-être un moment avoir des droits à la priorité d'invention de la* méthode des moindres carrés...

Dans son ouvrage, intitulé : *Theoria motus corporum cœlestium*, M. Gauss s'exprime à cet égard de la manière suivante : « Ce principe, dont nous avons « fait usage dès l'année 1795, a été donné dernièrement par Legendre dans ses

« *Nouvelles méthodes pour la détermination des orbites des comètes*, Paris, 1806 ;
« on trouvera dans cet ouvrage plusieurs conséquences que le désir d'abréger
« nous a fait omettre. » (Voir l'ouvrage intitulé: *Méthode des moindres carrés,
Mémoires sur la combinaison des observations*, par M. Ch.-F. Gauss, traduits en
français et publiés avec l'autorisation de l'auteur, par M. J. Bertrand. 1855,
p. 133.)

Page 28. *Une nouvelle formule pour réduire en distances vraies les distances
apparentes de la lune au soleil et à une étoile.*

Voyez : Mémoires de l'Institut, t. VI (imprimé en janvier 1806), p. 30.

Page 34. *Il n'y a pas de nombre qui ne soit la somme de quatre ou d'un moindre
nombre de carrés.*

Voyez : Legendre, *Théorie des nombres*, t. 1, p. 211.

Page 35. *Ce théorème plus facile à exprimer en langage algébrique qu'en langage ordinaire.....*

Voici en quels termes M. Legendre énonce le théorème dont il s'agit dans
la *Théorie des nombres*, t. 1, p. 230.

§. VI. *Théorème contenant une loi de réciprocité qui existe entre deux nombres
premiers quelconques.*

(166) Nous avons vu (n° 135) que si m et n sont deux nombres premiers
quelconques impairs et inégaux, les expressions abrégées $\left(\dfrac{m}{n}\right)$, $\left(\dfrac{n}{m}\right)$ représentent l'une le reste de $m^{\frac{n-1}{2}}$ divisé par n, l'autre le reste $n^{\frac{m-1}{2}}$ divisé par m :
on a prouvé en même temps que l'un et l'autre reste ne peuvent jamais
être que $+1$ et -1. Cela posé, il existe une telle relation entre les
deux restes $\left(\dfrac{m}{n}\right)$ et $\left(\dfrac{n}{m}\right)$, que l'un étant connu, l'autre est immédiatement
déterminé. Voici le théorème général qui contient cette relation :

« Quels que soient les nombres premiers m et n, s'ils ne sont pas tous les
« deux de la forme $4x + 3$, on aura toujours $\left(\dfrac{n}{m}\right) = \left(\dfrac{m}{n}\right)$, et s'ils sont tous
« les deux de la forme $4x + 3$, on aura $\left(\dfrac{n}{m}\right) = -\left(\dfrac{m}{n}\right)$. Ces deux cas sont
« compris dans la formule

$$\left(\dfrac{n}{m}\right) = (-1)^{\frac{m-1}{2} \cdot \frac{n-1}{2}} \cdot \left(\dfrac{m}{n}\right).$$

(54)

Page 37. *Toutes les transcendantes dont la différentielle se rapproche de celles de ces deux courbes en ce qu'elle présente, comme elles, une fonction rationnelle de la variable divisée par la racine carrée d'un polynome algébrique du quatrième degré.*

R étant un radical de la forme dont il s'agit et P une fonction algébrique rationnelle, toutes ces transcendantes sont comprises dans la formule $\int \dfrac{P\,dx}{R}$

Voyez : Legendre, Mémoire sur les transcendantes elliptiques, p. 4.

Page 38. *Le géomètre anglais Landen qui, dans un mémoire de 1775, démontra que* tout arc d'hyperbole *se rectifie immédiatement* au moyen de deux arcs d'ellipse...

Landen a consigné ses recherches dans les Transactions philosophiques, année 1775, et plus récemment dans un mémoire particulier intitulé : *Mathematical memoirs respecting a variety ob subjects,* by John Landen F. R. S., Lond., 1780. Voyez : Legendre, Mémoires de l'Académie des sciences pour 1786, p. 645.

Page 38. *Jusqu'à l'année 1825 qui vit paraître son traité des fonctions elliptiques....*

Voyez : Legendre, *Théorie des fonctions elliptiques,* t. 1ᵉʳ, avertissement, p. 7 (1825).

Page 39. *C'était, dit-il modestement ailleurs, un pas de plus dans une carrière difficile.*

Voyez : Legendre, *Théorie des fonctions elliptiques,* introduction, p. 3.

Page 39. *Dans le premier mémoire, M. Legendre donne des séries convergentes propres à calculer facilement la longueur d'un arc d'ellipse,.... et dans le second il ajoute : « Si le zèle de quelques calculateurs pouvait nous fournir des tables d'arcs d'ellipse... »*
(Voyez le volume de l'Académie des sciences pour 1786, p. 618 et 644.)

Page 39. *M. Legendre se plaît à rendre un juste hommage aux habiles géomètres (Euler, Landen, Fagnani) qui, avant lui, avaient démontré d'une autre manière une partie des théorèmes qui y sont répandus avec une sorte de profusion.*

« Je ne terminerai point cet article (XVI du mémoire) sans avertir, dit M. Le-

(55)

« gendre, que la plupart des propositions qui y sont contenues ont été décou-
« vertes et publiées par M. Euler, dans le tome VII des Nouveaux Mémoires de
« Pétersbourg, et dans quelques autres ouvrages, ce que j'ignorais lorsque je
« me suis occupé de ces recherches. Mais la différence des méthodes peut jeter
« un nouveau jour sur cette matière, et d'ailleurs la comparaison des arcs de
« différentes ellipses dont il est question dans l'article XIII, n'a encore été
« traitée par personne que je sache. » (Mémoires de l'Académie des sciences,
volume de 1786, p. 676.)

Page 40. *Une sorte d'algorithme qui peut servir à étendre le domaine de l'analyse.*

Voyez Legendre, *Théorie des fonctions elliptiques*, introduction, p. 3.

Page 40. *Il la réduit à une forme d'une merveilleuse simplicité qui ne contient
que cinq quantités....*

Voici comment il l'exprime :

$$H = \int \frac{A+B \, \sin^2\varphi}{1+n \, \sin^2\varphi} \, \frac{d\varphi}{\sqrt{1-c^2 \sin^2\varphi}}$$

Voyez : Legendre, *Mémoire sur les transcendantes elliptiques*, p. 17.

Page 43. *Sorte de damier... dont toutes les cases pouvaient être remplies par les
diverses transformations dont est susceptible une seule et même fonction.*

Voyez l'avertissement placé en tête du 3e volume de la *Théorie des fonctions
elliptiques.*

Page 44. *Ce qui avait été l'objet des vœux et des espérances d'Euler.*

Voyez : Legendre, *Théorie des fonctions elliptiques*, introduction, p. 13.

Page 48. *Résignation... que devaient lui rendre bien difficile... le bonheur qu'il
trouvait dans son intérieur, les soins et les vœux dont il était entouré.*

Voyez : Poisson, *Discours déjà cité*, p. 1.

Page 50. *Un de nos plus grands géomètres s'est plu à célébrer la perfection de
son style analytique.*

Dans son éloge de Laplace, prononcé le 15 juin 1829 devant l'Académie, où siégeait encore **M. Legendre**, **M. Fourier** a consigné d'intéressantes remarques sur les découvertes de Lagrange et sur le caractère de ses travaux. On y lit les lignes suivantes :

« Toutes ses compositions mathématiques sont remarquables par une élé- « gance singulière, par la symétrie des formes et la généralité des méthodes, « et, si l'on peut parler ainsi, par la perfection du style analytique. »

Voyez : **Fourier**, *Éloge de Laplace* (Mémoires de l'Académie des Sciences de l'Institut de France, t. X, p. VI, 1830.)

PAGE 48. *Laplace.... a mérité d'être appelé le Newton de la France.*

C'est M. Cuvier qui, dans un de ses discours académiques, lui a donné cette glorieuse qualification.